Sauberkeit! Ordnung! Sicherheit!

Pflege Deine Maschine!

Erprobte Winke für die Werkstatt

55. bis 80. Tausend

Herausgegeben von der Schriftleitung
„Werkstattstechnik und Maschinenbau“

ISBN 978-3-662-23200-2 ISBN 978-3-662-25201-7 (eBook)
DOI 10.1007/978-3-662-25201-7

Dieses Heft ist zu beziehen durch den

Berlin W 35, Reichpietschufer 20.

Mengenpreise auf Anfrage.

Pflege Deine Maschine!

Herausgegeben von der
Schriftleitung
„Werkstattstechnik und Maschinenbau“

Ausgearbeitet von
W. Iwascheff

Springer-Verlag Berlin Heidelberg GmbH
1953

Inhalt.

1. Allgemeine Ratschläge 4
2. Bei der Arbeit 6
3. Die Schmierung 8
4. Die Kühlmittelversorgung 10
5. Die Führungen 11
6. Die Getriebe 13
7. Der elektrische Teil 15
8. Der hydraulische Teil 18
9. Die Maschinenwerkzeuge 19
10. Die Werkstückspanner oder Spannvorrichtungen 22

In Deiner Werkstatt verbringst Du den größten Teil Deines Lebens. Darum pflege Deinen Arbeitsplatz so, daß er Dir selbst gefällt. Nur mit gepflegten Maschinen und Werkzeugen kannst Du so gut arbeiten, daß es Dir auch Freude macht!

An langer Lebensdauer dieser Dinge sei auch Dir gelegen! Hilf damit Kosten sparen und Deinen Betrieb wettbewerbsfähiger machen!

Eine moderne Werkstatt ist keine einfache Sache; darum bringen Dir die folgenden Seiten Hinweise, die Dich an Bekanntes erinnern und auf manches aufmerksam machen, woran Du vielleicht noch nicht gedacht hast.

Setze Dir ein dreifaches Ziel:

Sauberkeit!

Ordnung!

Sicherheit!

1. Allgemeine Ratschläge.

Es ist *grundfalsch*, eine Maschine, zumal in mehreren Schichten, so lange laufen zu lassen, bis sich ein Lager festsetzt oder etwas bricht.

Die Behebung kleiner Schäden ist billiger als eine Hauptinstandsetzung.

Wenn Du eine Maschine nicht kennst, laß Dir die Betriebsanweisung aushändigen! Unterrichte Dich nicht nur über ihre Handhabung, sondern auch über die Stellen, auf die Du wegen ihrer Pflege achten mußt!

Halte vor allem Deinen ganzen Arbeitsplatz, die Maschine, die Vorrichtungen, die Werkzeuge und die Meßzeuge *sauber!* Erkämpfe Dir die nötige Zeit dazu und reinige alles spätestens vor Schichtschluß!

Bei der Reinigung am Wochenende gehe in alle Ecken und Ritzen, auch unter Schutzdeckel, wo Öl, Kühlwasser, Staub und Späne hinkommen könnten!

Späne blase nicht mit Preßluft fort; sie setzen sich nur woanders hin, wo sie nicht hingehören.

Wenn Du eine *Störung* beobachtest, die Du nicht ohne weiteres beseitigen kannst, melde sie Deinem nächsten Vorgesetzten!

Wende niemals Gewalt an!

Laß Dich über etwaige Unfall- und Gesundheitsgefahren unterrichten und beachte die Dir kundgegebenen Verhütungsmaßnahmen!

Deine Ordnungsliebe ist Deinen Arbeitskollegen ein Vorbild; sie spart Kosten und ist dem ganzen Betrieb von Nutzen.

Wenn in mehreren Schichten gearbeitet wird, hinterlaß die Maschine Deinem Ablöser so, wie Du sie selbst in Betrieb zu nehmen wünschest!

Teile dem ablösenden Arbeitskameraden mit, daß die Maschine einwandfrei arbeitet oder welche Maßnahme andernfalls getroffen worden ist!

Wenn Du eine Maschine verläßt, die *still-gelegt* wird, rechne damit, daß Du sie eines Tages wiederbekommst, und hilf,

lose und leicht abnehmbare Teile zu verpacken,

Kühlwasser zu entfernen,

alle blanken Stellen einzufetten.

Das Öl bleibt in der Maschine!

2. Bei der Arbeit.

Überzeuge Dich *vor Beginn* der Tagesarbeit, ob Deine Maschine *in Ordnung* ist!

Setze *kein Werkstück* und kein Werkzeug *auf eine Führungsbahn* oder auf eine für Vorrichtungen oder Werkzeuge bestimmte Spannfläche auf!

Wenn Du *auf die Maschine* steigen mußt, tritt nicht auf eine Führungs- oder Spannfläche; lege vorher ein Holzbrett oder einen Lappen hin!

Setze runde Werkstücke ohne Stoß in die Körnerspitzen ein; nur unverletzte Körnerspitzen gewährleisten einen guten Rundlauf. Schmiere sie!

Körnerspitzen brauchen nicht spitz zu sein; eine kleine Abstumpfung ist vorteilhaft. Aber sie müssen von Zeit zu Zeit auf genau 60° oder 90° nachgeschliffen werden.

Richte nie ein Werkstück zwischen den Spitzen einer Drehbank; eine Drehbank ist keine Richtmaschine!

Nirgends darf Spiel vorhanden sein, weder im Support noch im Reitstock, noch im Stahlhalter. Ziehe alle Spannteile so an, daß sich Schlitten und Pinolen zügig bewegen lassen, ohne zu wackeln.

Wenn die Maschine rattert, so sieh, ob Werkstück und Werkzeug fester zu spannen sind oder ob die Reitstockpinole zu weit heraussteht oder der Fräser vom Lager zu weit weg ist! Wenn dies nicht hilft, ändere die Schnittgeschwindigkeit oder den Vorschub oder die Spantiefe. Rattern schadet nicht nur dem Werkstück, sondern auch dem Werkzeug und der Maschine.

3. Schmierung.

Rechtzeitige und regelmäßige Schmierung an allen Lagern und Bahnen ist eine Hauptpflicht in der Maschinenpflege.

Wenn die Schmierung einer besonderen *Kolonne* obliegt, überzeuge Dich täglich, ob sie da war und geschmiert hat!

Wenn Du allein für die Schmierung Deiner Maschine verantwortlich bist, laß Dir genau erklären, welche *verschiedenen Schmiermittel* für die verschiedenen Schmierstellen erforderlich sind und in welchen Zeitabschnitten diese zu schmieren sind!

Verwende kein unbekanntes oder falsches Öl!

Halte Öl- und Fettbehälter stets gefüllt und ihre Deckel geschlossen! Der Ölstand muß innerhalb der Marken des Schauglases liegen. Dringe darauf, daß die Schmierstellen nach den Normen bezeichnet werden!

Bei selbständiger Ölschmierung muß ständig überprüft werden, ob das Öl überall gleichmäßig verteilt wird und ob die Kontrolleinrichtung der Ölzufuhr einwandfrei arbeitet. Du kannst Dich auf Deine Zentralschmierung verlassen, wenn Du sie pflegst; deshalb vernachlässige sie nicht.

Sämtliche Schmierleitungen müssen ständig einwandfrei arbeiten. Sie dürfen keinesfalls verschmutzt sein.

Offene Zahnräder, z. B. bei Pressen, Wechselräder an Drehbänken, Fräsmaschinen u. a. müssen mit haftendem Fett bedeckt sein.

Hast Du Kugelgelenke an Deiner Maschine, so öle sie allesamt vor Beginn der Arbeitsschicht!

Wenn aus einem Lager Öl ausläuft oder eine Führungsfläche dauernd zuviel Öl aufweist, melde es Deinem nächsten Vorgesetzten!

Achte an Gleitflächen darauf, ob etwa Anfressungen von Säure aus dem Schmieröl oder der Kühlflüssigkeit auftreten. Melde es, und im letzteren Falle sorge durch Abdecken der betreffenden Flächen mit einer Öl- oder Fettschicht vor.

4. Die Kühlmittelversorgung.

Die *Kühlmittelpumpe* darf nie „trocken" laufen, sondern muß immer fördern.

Schalte die Kühlmittelpumpe ein und öffne den Leitungshahn, *bevor das Werkzeug zu schneiden* beginnt!

Achte darauf, daß das Kühlmittel ordnungsgemäß durch grobe und feine Filter zurückläuft!

Das Kühlmittel soll in breitem Strom über das Werkzeug fließen, besonders gilt dies für Schleifscheiben.

Wenn der Kühlmittelstrom schwächer wird, dann ist die Leitung auf Verstopfung nachzusehen und nötigenfalls zu reinigen. Unter Umständen fülle Kühlmittel nach!

Beachte, daß das Kühlmittel *nicht an falsche Stellen* läuft, insbesondere nicht an Elektromotoren oder elektrische Leitungen!

Wo das Kühlmittel durch offene Rinnen und dergleichen abläuft, beseitige hemmende Späne und dergleichen!

5. Die Führungen.

Die Führungen sind für die Erhaltung der Arbeitsgenauigkeit ebenso wichtig wie die Lager.

Alle beweglichen Teile, wie Tische, Supporte, Reitstock, mitlaufende Körnerspitzen, Spindeln, sollen sich ohne irgendwelche fremden Hilfsmittel oder Gewalt nur leicht von Hand oder elektrisch oder hydraulisch betätigen lassen.

Säubere vor der Bewegung eines Bettschlittens, eines Stößels oder eines Tisches die Bettführungen!

Die Prismenführungen müssen rost- und spänefrei und immer genügend geschmiert sein! Sieh nach, ob die Späneabstreifer funktionieren!

Feile nicht auf der Maschine! Eine Drehbank ist keine Feilmaschine. Wenn Du in Ausnahmefällen eine Feile zum Gratbrechen benutzest, sorge dafür, daß die Feilspäne kein Unheil anrichten können!

Säubere die Führungen auch von den kleinsten Spänen und auch von dem so schädlichen Staub mit Lappen und Bürsten! Vergiß nicht, dazu auch alle Schutzdeckel auf den Führungen abzunehmen.

Benutze zum Reinigen von Lagern und Führungen keine fasernden Putzlappen!

Decke die nicht in Betrieb befindlichen Führungen immer mit Deckbrettern ab!

Niemals lege auf eine Führungsfläche ein Werkstück, ein Werkzeug oder ein Meßzeug! Dazu gehören Ablagebretter.

Beim Aufsetzen und Abnehmen eines Werkstücks dürfen Ketten und Drahtseile der Hebezeuge nicht auf die Bankbetten geworfen werden. Am besten benutze Hanfseile!

Halte die Nachstelleisten geschmiert und stelle sie bei Bedarf nach!

6. Die Getriebe.

Zum Getriebe gehören die Spindeln, die offen und in Gehäusen laufenden Zahnräder, Gewindespindeln, Kurbelwellen usw.

Achte darauf, daß alle Teile *die ihnen gebührende Schmierung* erhalten und vergiß dabei die Wechselräder nicht!

Ziehe nach dem Aufstecken anderer Wechselräder den Scherenbolzen und die Haltemuttern gut an!

Fühle, ob die Lager nicht mehr als handwarm werden. Wenn ja, melde es Deinem nächsten Vorgesetzten.

Melde auch, wenn ein *Lager unruhig* läuft, eine Spindel schlägt, ein Schlitten eckt und dergleichen mehr.

Laß bei Schieberadgetrieben die Drehzahl so tief abfallen, daß Du *lautlos schalten* kannst, und schiebe die Schaltgabel bis zur Rast durch.

Wende Dein Augenmerk den (meist nachstellbaren) Reibkupplungen zu! Eine Lamellenkupplung darf nicht dauernd schleifen: Laß

Dir die Nachstellung genau erklären oder bitte den zuständigen Fachmann darum.

Horch ab und zu genau auf den Gang der Getriebe; hörst Du dann ein Dir nicht vertrautes Geräusch, so gehe der Ursache auf den Grund! Lässigkeit ist gerade hier falsch am Platze.

Beobachte, ob die Bremse genügend greift, oder ob sie wegen Abnutzung nachgestellt werden muß!

Pflege die Schutzvorrichtungen nicht nur zu Deinem Schutze, sondern auch zum Schutze der Maschine vor Spänen und anderem!

7. Der elektrische Teil.

Ein Motor muß jedes Jahr, d.h. nach 2500 bis 3000 Betriebsstunden, gründlich gereinigt werden. Gleichzeitig ist er auf Verschleiß der Lager und auf den Zustand der Wicklungen zu überprüfen.

Bei jeder geringsten Störung am Motor bringe das Schneidwerkzeug der Maschine sofort außer Eingriff, schalte den Motor aus und mache dem Vorgesetzten Meldung!

Entferne niemals Abdeckungen und Schutzvorrichtungen von Motoren und elektrischen Geräten!

Von jeder nicht einwandfreien Abdeckung der Motoren oder Geräte, die ein Eindringen von Feuchtigkeit zur Folge hat, mache sofort Meldung!

Schaltschränke halte verschlossen und benutze sie nicht als Aufbewahrungsort für irgendwelche anderen Gegenstände!

Der größte Feind des Elektromotors ist die unzulässige Überlastung. Sicherheit dagegen bietet der thermische Überlastungsschutz. Achte auf die richtige Einstellung des Stromwertes am Motorschutzschalter bzw. am Motorschutzrelais.

Besonders beachte, daß Staub, Wasser oder Öl nicht an den Motor gelangen! Metallstaub und Öl sind für den Motor gefährlich; dringen diese in den Motor ein, so entstehen

Wicklungskurzschlüsse!

Blase jeden Sonnabend die Motoren und die elektrischen Geräte mit einer Handluftpumpe aus, aber nicht mit Preßluft!

Wenn ein Strommesser vorhanden ist und einen zu starken Strom anzeigt, setze die Schnittgeschwindigkeit oder den Vorschub herab! Wenn das nicht hilft, mache Meldung!

Schütze alle nicht abgedeckten Leitungen vor Stößen jeder Art! Besonders sind die Einführungen der Leitungen zu schützen.

Lasse nicht zu, daß die Belüftung der Motoren behindert wird!

Sorge dafür, daß die Kabelkanäle trocken und ordnungsgemäß abgedeckt sind!

Wenn es irgendwo funkt oder stinkt, hole den Betriebselektriker! Auf keinen Fall darf sich jemand ohne seine Hilfe an der elektrischen Einrichtung vergreifen!

Lebensgefahr!

Bei Störungen schalte nur den Hauptschalter aus und mache Meldung!

8. Der hydraulische Teil.

Das hydraulische Mittel ist bei spanenden Werkzeugmaschinen Öl, bei Pressen häufig Wasser mit oder ohne Emulsion.

Lasse Dir die Betriebsanleitung für die Hydraulik aushändigen und lasse Dir genau erklären, auf welche Punkte Du achten mußt! Jede Hydraulik hat ihre Eigenheiten.

Achte auf Leckverluste und ziehe die Packungen nach, aber nicht mit Gewalt. Beachte den *richtigen Ölstand!*

Wenn das Öl zu wechseln ist, so achte auf das richtige Öl! Benutze keine offenen Kannen!

Vor dem Einfüllen des neuen Öls reinige *alle Behälter*, Leitungen, Zylinder und Ventile!

Das Öl nimmt leicht Luft auf, die in der Ruhe schlecht, dagegen nach dem Warmwerden im Betrieb leichter entweicht. *Öffne* daher nach kurzer Betriebszeit den *Entlüftungshahn!*

Achte darauf, daß *Schläuche* an keiner Stelle *geknickt* werden.

Prüfe von Zeit zu Zeit, ob das Öl nicht durch *Wasseraufnahme* trübe geworden ist, oder ob es *Schmutz* aufgenommen hat (ein Tropfen auf Filterpapier!).

Besonders wichtig ist, daß die Rücklaufrohre *unter dem Ölspiegel* des Behälters enden; sonst schäumt das Öl und nimmt zuviel Luft auf.

9. Die Maschinenwerkzeuge.

Wer sein Werkzeug pflegt, braucht es seltener zu wechseln und kommt so auf eine höhere Leistung.

Werkzeuge müssen in der Maschine festsitzen und ihre genaue Lage haben. Prüfe nach dem Einsetzen eines neuen Werkzeugs, ob die Befestigungsmuttern oder -schrauben fest angezogen sind!

Halte die *Innenkegel* von Bohrmaschinen und Fräsmaschinen ebenso rein wie die an Drehbänken! *Klopfe niemals* ein Werkzeug mit dem Hammer los; dazu sind Keiltreiber oder Abdrückschrauben da. Setze Kegelhülsen nur von Hand auf!

Lege Futter und Zwischenhülsen für Bohrer und Fräser *sorgfältig ab* und reinige ihre Paßflächen vor Einsetzen in die Maschine!

Lege die Werkzeuge nur *auf Holz* oder auf Lappen ab! Sie dürfen sich gegenseitig nicht berühren, damit weder *Schneiden noch Paßflächen beschädigt* werden.

Trage das Deine dazu bei, daß die Werkzeuge auf ihrer Beförderung von und zur Werkzeugausgabe nicht beschädigt werden!

Schleifscheiben müssen in ihren Futtern festsitzen und müssen ausgewuchtet sein.

Bei feinem Schleifen wuchte sie neu aus, wenn die schleifende Fläche um 10 bis 15 mm abgenutzt ist!

Drehmeißel, insbesondere die mit Hartmetallschneiden, müssen satt auf sauber gehaltenen Spannflächen aufsitzen, damit sie nicht in Schwingung geraten und damit die Wärme besser abgeführt wird.

Lasse Hartmetallmeißel an Drehbänken und Hobelmaschinen sowie Hartmetalleinsätze an Fräsköpfen nicht weit herausstehen, weil sie sonst in Schwingungen geraten und vorzeitig ausbrechen!

Schneidwerkzeuge dürfen nicht allzu stark abgenutzt werden; es ist wirtschaftlicher, sie öfter ein wenig nachzuschleifen, als ganze Millimeter abschleifen zu müssen.

Das Nachschleifen muß besonders gelernt sein; überlasse es daher der Werkzeugschleiferei! Aber achte darauf, daß Hartmetallschneiden ohne Risse mit äußerst glattem Schliff und abgezogener Schneide an Dich gelangen. Vergleiche selbst, wie lange ein schlecht geschliffenes Werkzeug hält und wie lange ein gut geschliffenes!

Lege die bei der Maschine verbleibenden Werkzeuge sorgfältig auf dem Gestell oder im Werkzeugschrank ab. Seine Ordnung vermittelt jedem Vorbeigehenden einen Eindruck von Dir, und Du selbst sparst Zeit.

10. Die Werkstückspanner oder Spannvorrichtungen.

Die allgemeinsten Werkstückspanner sind die Drehfutter und die Maschinenschraubstöcke; pflege, reinige, schmiere sie wie Deine Maschine, um so mehr als sie manchmal monatelang nicht benutzt werden. Benutze nur passende Schlüssel, sonst verletzest Du die Vierkante!

Spannzeuge, wie Klötze, Spanneisen, T-Schrauben, Muttern halte in Ordnung; achte besonders auf unverletzte Gewinde und Auflageflächen!

Bei den eigentlichen Spannvorrichtungen kommt es darauf an, daß die Flächen und Nutensteine, mit denen sie an der Maschine anliegen, unverletzt sind und an ihnen nicht mit Schlüssel und Hammer geklopft wird.

Du kannst erwarten, daß die Vorrichtungen so gebaut sind, daß das Kühlwasser völlig abläuft und die Späne leicht zu entfernen sind. Damit die Werkstücke richtig sitzen, reinige vor jeder neuen Einspannung die Auflagefläche!

Die Vorrichtung muß mit dem Maschinentisch ein Ganzes bilden und dementsprechend festgespannt sein. Nimm lieber ein paar Pratzen und Spannschrauben mehr als eine zu wenig!

Wenn Bohrbuchsen oder Auflageflächen abgenutzt sind, melde es zwecks Erneuerung!

Stütze schlanke und dünne Werkstücke an mehreren Stellen. Bringe Lünetten und Schleifstützen möglichst nahe der Bearbeitungsstelle an!

Manche Vorrichtungen haben lose Teile, wie Einsteck-Bohrbuchsen, Wechselauflagen und dergleichen; bewahre sie sorgfältig auf!

Wenn trotz alledem bei der Bearbeitung Schwingungen (Rattern) auftreten, dann ziehe Deinen nächsten Vorgesetzten oder den Vorrichtungskonstrukteur zu Rate!

Bei *Drehdornen* achte darauf, daß sie von Anfang an Schutzsenkungen erhalten, daß die Körnerkegel tadellos sauber sind und daß die Spannfläche nicht verletzt wird!

Wenn Dir irgend etwas entzweigegangen ist, bekenne es gleich! Du nützest dem Betriebe und Dir selbst, weil es dann im Bedarfsfalle gleich zur Hand ist.

Beachte diese Regeln, Dein Arbeitsplatz wird Dir dann Freude machen!

Eingehende Anweisungen

für jede einzelne Werkzeugmaschinenart finden sich in den VDI-Blättern 9070 bis 9700, die vom Ausschuß für Betriebsmittelpflege in der Arbeitsgemeinschaft Deutscher Betriebsingenieure (ADB) im Verein Deutscher Ingenieure (VDI) herausgegeben werden.

(Zu beziehen durch den Deutschen Ingenieurverlag GmbH., Düsseldorf, Prinz-Georg-Str. 77—79.)

Siehe ferner:

DIN 8659 Schmieranweisungen für Werkzeugmaschinen

DIN 6421 bis 6425 Schmiergeräte

DIN 61650 Technische Lieferbindungen für Putzlappen

AWF 77 Schleifen von Hartmetall

AWF 78 Kühlen und Schmieren beim Schleifen

(Zu beziehen: Beuth-Vertrieb, Köln, Friesenplatz 16.)

VDE 0113/T. 42 Leitsätze für Werkzeugmaschinen mit elektrischer Ausrüstung
(VDE-Verlag GmbH., Wuppertal-Barmen).

Werkstattstechnik und Maschinenbau

Organ der Arbeitsgemeinschaft deutscher Betriebsingenieure
und der Arbeitsgemeinschaft für fertigungstechnisches Messwesen im VDI

HERAUSGEBER: PROFESSOR DR.-ING. O. KIENZLE

Gemeinschaftsverlag Springer-Verlag Berlin, Göttingen, Heidelberg · Deutscher Ingenieur-Verlag Düsseldorf

HEFT 3 MÄRZ 1953 43. JAHRG.

Die

Werkstattbücher

für Betriebsangestellte, Konstrukteure und Facharbeiter sind seit 30 Jahren in allen Werkstätten unentbehrlich!

Die Sammlung umfaßt über 100 Hefte, die schon in über einer Million Exemplaren verbreitet sind.

Einige Beispiele:

Nr. 98 **Instandhaltung von Werkzeugmaschinen.** Von H. H. Peineke. 60 Seiten mit 45 Abbildungen.

Nr. 97 **Spitzenloses Schleifen. 1. Teil:** Maschinenaufbau und Arbeitsweise. Von W. Hofmann. 54 Seiten mit 99 Abbildungen.

Nr. 107 **Spitzenloses Schleifen. 2. Teil:** Zusatzvorrichtungen, Genauigkeits- und Schönheitsschliff. Von W. Hofmann. 64 Seiten mit 77 Abbildungen.

Nr. 94 **Werkzeugschleifen.** Von A. Rottler. 60 Seiten mit 134 Abbildungen.

Nr. 104 **Längenmessungen.** Von H. Schmidt. 66 Seiten mit 139 Abbildungen.

Nr. 6 **Teilkopfarbeiten.** Von W. Pockrandt. 55 Seiten mit 45 Abbildungen.

Nr. 105 **Läppen.** Von H. H. Finkelnburg.
60 Seiten mit 100 Abbildungen.

Nr. 26 **Innenräumen.** Von A. Schatz.
58 Seiten mit 112 Abbildungen.

Nr. 80 **Außenräumen.** Von A. Schatz.
72 Seiten mit 127 Abbildungen.

Nr. 86 **Feinstarbeit, Rechnen und Messen im Lehren-, Vorrichtungs- und Werkzeugbau.**
Von E. Busch und F. Kähler. 66 Seiten mit 107 Abbildungen.

Nr. 16 **Senken und Reiben.** Von J. Dinnebier.
58 Seiten mit 211 Abbildungen.

Nr. 93 **Metallspritzen.** Von K. Krekeler und K. Steinemer. 50 Seiten mit 53 Abbildungen.

Die Werkstattbücher sind für die Praxis geschrieben! Gemeinverständlich – klar und knapp.

Umfang eines Heftes 60—70 Seiten mit vielen vorzüglichen Abbildungen. Einzelpreis: DM 3,60. Vorzugspreis beim Bezug von 25 beliebigen Heften: je DM 2,70.

Ein Gesamtverzeichnis über die ganze Sammlung steht kostenlos zur Verfügung.

Springer-Verlag

Berlin W 35, Reichpietschufer 20.

GPSR Compliance
The European Union's (EU) General Product Safety Regulation (GPSR) is a set of rules that requires consumer products to be safe and our obligations to ensure this.

If you have any concerns about our products, you can contact us on

ProductSafety@springernature.com

In case Publisher is established outside the EU, the EU authorized representative is:

Springer Nature Customer Service Center GmbH
Europaplatz 3
69115 Heidelberg, Germany

www.ingramcontent.com/pod-product-compliance
Ingram Content Group UK Ltd.
Pitfield, Milton Keynes, MK11 3LW, UK
UKHW021834270726
14058UKWH00001B/155